献给越来越远离自然的孩子们。

江苏省版权局著作权合同登记　图字：10-2024-248 号

图书在版编目（CIP）数据

我的四季大书：写给孩子的自然探索指南 /（英）
蒂姆·霍普古德著；赵昱辉译. -- 南京：南京大学出
版社, 2024.9. -- ISBN 978-7-305-28317-8
　 I. N49
　中国国家版本馆CIP数据核字第2024K9G028号

出版发行　南京大学出版社
社　　址　南京市汉口路 22 号　邮编 210093
项 目 人　石　磊
策　　划　刘红颖
项目统筹　筑桥童书

WO DE SIJI DASHU XIE GEI HAIZI DE ZIRAN TANSUO ZHINAN
书　　名　我的四季大书 写给孩子的自然探索指南
著　　者　[英]蒂姆·霍普古德
译　　者　赵昱辉
责任编辑　邓颖君
特约策划　孙铮韵
装帧设计　浦江悦

印　　刷　鹤山雅图仕印刷有限公司
开　　本　889mm×1194mm　1/12 开　印　张　11　字　数 200 千
版　　次　2024 年 9 月第 1 版　　　印　次　2024 年 9 月第 1 次印刷
ISBN 978-7-305-28317-8
定　　价　148.00 元

网　　址　http://www.njupco.com
官方微博　http://weibo.com/njupco
官方微信号：njupress
销售咨询热线：（025）83594756

春夏秋冬的21件自然发现

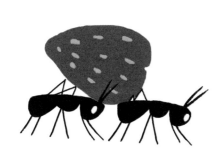

20xx 年 x 月 x 日

看见一队蚂蚁，个头很小，力气不小。

20xx 年 x 月 x 日

窗边飞来一只黄蝴蝶，我还没靠近，它就飞走了。

20xx 年 x 月 x 日

今天是满月，为什么没有饼？答: 因为不是中秋。哈哈!

Tim Hopgood

我的四季大书

写给孩子的自然探索指南

[英] 蒂姆·霍普古德 / 著

赵昱辉 / 译

南京大学出版社

春天

夏天

秋天

冬天

春光和暖怡人

花朵含苞待放

雨水洗礼大地

幼苗茁壮成长

鸟儿筑起新巢

枝丫抽出嫩芽

春天

春天到来的迹象

世界变得温暖而明亮。花草树木喝饱了春雨，抽芽生长。如果你看到这些景象，那是春天来了！

一树鲜花

鲜花在枝头怒放，这是春天最为壮丽的景象。

水仙花开

鲜艳的水仙花在鳞茎上盛放，像一缕缕阳光般灿烂。去大自然找找水仙花吧！

衔枝筑巢

鸟儿衔枝筑巢，为鸟宝宝们打造新家。

小羊咩咩

小羊羔通常出生在春天。大量新鲜的青草可以让羊妈妈美美地填饱肚子，这样就能喂羊宝宝了。

早起的鸟儿

鸟儿们几乎时时刻刻都在歌唱。不过，早晨的歌声总是格外生机勃勃，像是在为大家报晓。

欧歌鸫
以重复的音符谱写动人的歌曲。

乌鸫 (dōng) 在日出之前，就会开始歌唱。

椋鸟
liáng

非常擅长"口技",它们不但
能够模仿其他鸟类的叫声,有
些种类甚至能学人说话。

云雀

能一边在天空中翱翔,
一边唱出婉转的旋律。

夜莺

最出名的莫过于其
优美清脆的歌声。

鹪鹩声音洪亮,雌雄鸟儿还能组成二重唱。
jiāo liáo

9

自力更生

春天来临时，鸟儿们收集小树枝、树叶和
苔藓等材料来筑巢。在亲自搭建的鸟巢里，
它们可以安心地下蛋和储存食物。

巧克力鸟巢

你需要准备以下材料：

100克黑巧克力或牛奶巧克力

50克打碎的麦片

6个纸杯蛋糕模具

若干巧克力蛋

1. 请大人帮你把巧克力隔水融化，然后加入打碎的麦片。

2. 将混合物盛到纸杯蛋糕模具中，然后用茶匙在中间压出一个巢的形状。

3. 在每个"巢"里放入3颗巧克力蛋，然后把模具放入冰箱，直到混合物冷却凝固。

这样，巧克力鸟巢就做好啦，快试一试吧！

圆溜溜，硬邦邦

虽然鸟蛋的形状和大小各不相同，有的颜色鲜艳，有的带有斑点，
但是它们都有着坚硬的外壳。

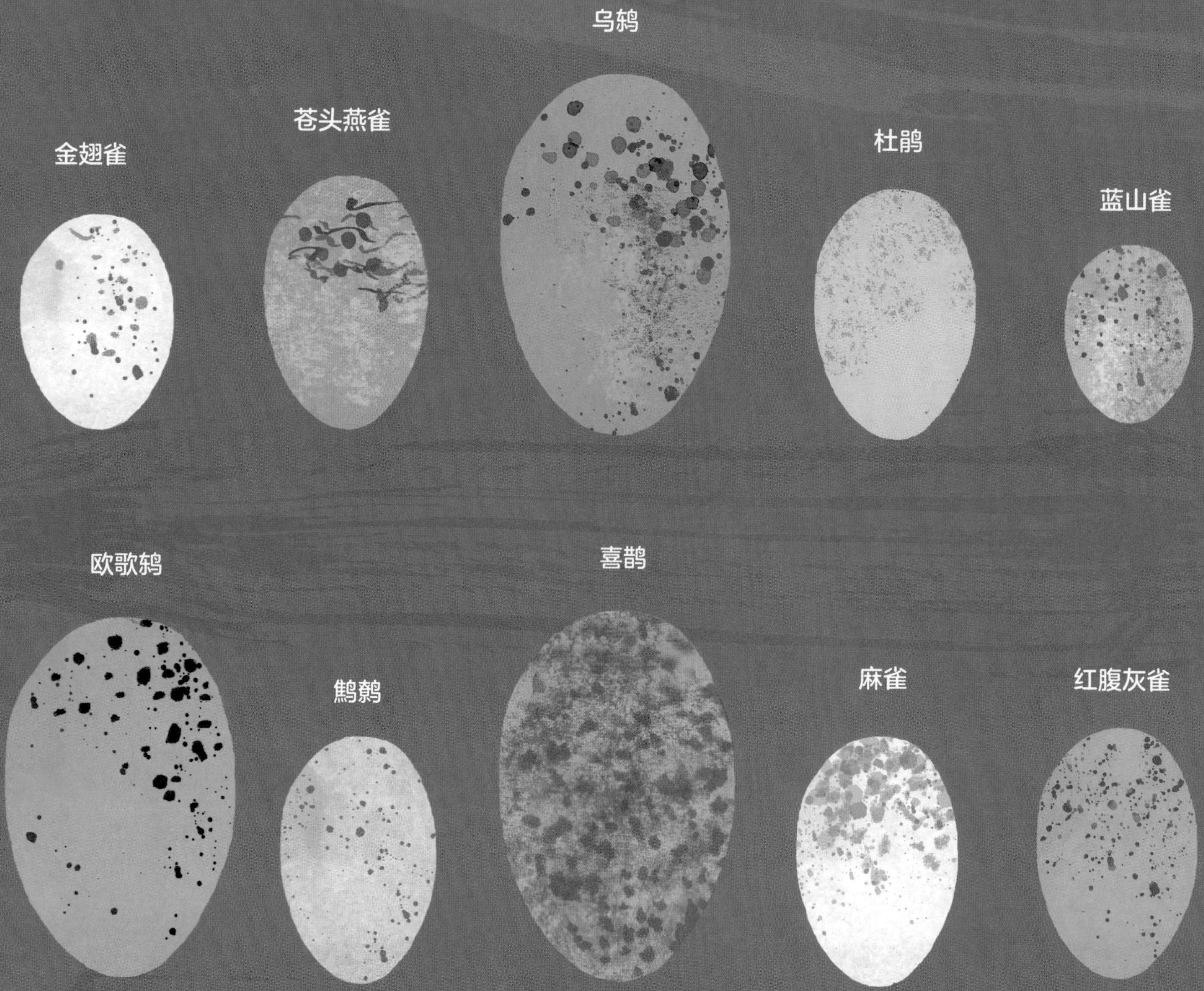

乌鸫

苍头燕雀

金翅雀

杜鹃

蓝山雀

欧歌鸫

喜鹊

鹌鹑

麻雀

红腹灰雀

轻飘飘，软乎乎

鸟儿五颜六色的羽毛，不但能保暖，还能帮助它们在天空中飞行。大多数鸟儿每只翅膀上有10枚以上的飞羽。如果失去了这些羽毛，它们就无法飞翔了。

金翅雀

^{xiāo}

灰林鸮

喜鹊

斑尾林鸽

阴凉的地方

石头能够挡住风和阳光，
形成一片背阴、黑暗、潮湿的地方，
这里正是昆虫的绝佳生活场所。
有着坚硬甲壳的昆虫能够钻到
石头下面觅食或者安家。

chūn
椿象

魔鬼隐翅虫

蜘蛛

黑甲虫

qú sóu
蠼螋

kuò yú
蛞蝓

千足虫

biē
土鳖虫

瓢虫

蜈蚣

蚂蚁

虫虫旅馆

到户外去，给虫子和两栖动物们建造一个舒适的家吧！

你需要准备以下材料：

2~3个再生木托盘

绳子

树叶、树枝等天然材料或再生环保材料

1. 选择一个凉爽、背阴的地方，请一位大人帮你检查地面是否坚固。

2. 在大人的帮助下把木托盘叠放起来，留出空隙，确定好位置之后用绳子固定。

3. 在空隙中塞上树叶、干草等天然材料或再生材料，这样就能吸引虫子和一些两栖动物们来你搭建的"旅馆"入住了！

树皮是甲虫、蜘蛛和干足虫最爱的居所。

中空的管状物（例如竹子）非常适合独居蜂产卵。

干枯的树叶在天冷时会成为瓢虫的家。

破旧的花盆可以给青蛙和蝾螈^{róngyuán}
提供舒适、阴凉的栖息地。

瓦楞纸板卷紧后，
有可能吸引草蛉^{líng}
的到来。

干草和稻草深处非常
适合昆虫冬眠。

干枯的树枝则是蜈蚣和木虱^{shī}
冬眠的最佳场所。

地下的家

生活在一起的一大群蚂蚁被称为蚁群。
蚁群中的每只蚂蚁都有专属的工作。

公主蚁在春末或夏初展翅飞行，
寻找合适的产卵地。

兵蚁非常强壮，能保护整个
蚁群。它们力气很大，能搬起
比自己身体大得多的东西。

工蚁的体形最小，负责
寻找食物、照顾幼虫和
建造蚁巢。

雄蚁是蚁群中唯一的雄性蚂蚁。只有公主蚁和雄蚁拥有翅膀，它们会飞出去求偶。当建立自己的蚁群后，公主蚁便成为这个蚁群的蚁后。

蚁后就是受精后的公主蚁，它在寻找到适合建立蚁群的位置后，就会吃掉自己的翅膀并定居于此。蚁后每天可以产成千上万个卵。

神奇的土壤

土壤对生物十分重要。植物根植于土壤中，吸收土壤中的营养生长并结出果实。土壤有过滤作用，能净化流过的水。此外，土壤呼吸还有助于净化空气。

蠕动的虫子能够改善土壤状况。它们在钻土掘洞时，能够疏松土壤，增强土壤透水性，从而帮助植物生长。

地面之下

土壤的上层由动物粪便和死去的植物等有机物质构成。

中间层比较坚硬，是砂质的。

最下层是岩石。

勃勃生机

对于大部分植物来说，春天是最适宜生长的季节。这段时间阳光和煦、日照充足、雨水丰沛，植物在这样完美的环境中可以茁壮成长。

22

一起动手做一做

水芹娃娃

你需要准备以下材料：

蛋壳
厨房用纸
脱脂棉
水芹种子

1. 在蛋壳表面画上娃娃的脸。

2. 将厨房用纸裁成小片，用水浸湿后垫在各个蛋壳内的底部。

3. 将脱脂棉浸湿，慢慢塞进蛋壳。脱脂棉和蛋壳顶端要保留一定空间哦！

4. 将水芹种子撒在脱脂棉上，然后轻轻按压一下。

5. 将蛋壳放到室内光照充足的地方，每天浇一次水。几天后，水芹娃娃就能长出"头发"了！

稀里哗啦

滴答

滴沥

哗啦哗啦

滴答滴答

哗啦哗啦

滴答滴答

哗啦啦!

淅淅沥沥

滴滴答答

稀里哗啦

哗啦啦!

滴答滴答

滴答滴答

滴答

滴答

雨停了!

春天的球茎植物

球茎植物大多在春季开花，这些漂亮的
鲜花是大自然送给人类最可爱的惊喜之一！

风信子

鸢尾花

蓝铃花

郁金香

水仙花

番红花

27

青蛙变身

小小的、透明的卵簇拥成团，漂浮在水面上。

小蝌蚪孵化出来，在水中游来游去。

小蝌蚪先长出两条后腿。

很快，前腿也长出来了。

尾巴渐渐消失，身体也改变了颜色。

现在，它已经彻底变为青蛙了。 呱！呱！

青蛙还是蟾蜍

青蛙的皮肤湿润且光滑，它们大部分时间都在水中或水边生活；
蟾蜍的皮肤又干又粗糙，大部分时间生活在陆地上。

这是蟾蜍。

探索池塘

你需要准备以下物品：

一个捞网

一个平底托盘

1. 在大人的陪同下，找到一片池塘。请大人帮忙，用捞网在池塘中捞几下，然后慢慢将网中的东西倒在托盘上。

zhuī
椎实螺

2. 观察一下，托盘上有什么植物或者小生物吗？你能叫出它们的名字吗？

3. 观察完之后，请大人帮你把托盘中的东西再慢慢倒回池塘中。

蝌蚪

龙虱幼虫

龙虱

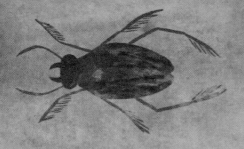

mǎn
水螨

水蜘蛛

水蛭 zhì

红蚯蚓

青虾

水虱

划蝽 chūn

蝾螈 róngyuán

豉虫 chǐ

仰泳蝽

水黾 miǎn

彩虹啊，彩虹

彩虹啊，彩虹！鲜艳而明亮，

永远都是天空中绝妙的景象。

彩虹啊，彩虹！正慢慢退场，

下一个雨天我们相约在另一片云影天光。

32

骄阳下嬉戏

花伞下乘凉

白昼渐长

处处虫鸣

花儿芬芳

果实鲜美多汁

夏天

夏天到来
的迹象

夏天是一年中光照最充足、温度最高的季节。如果你看到这些景象，那是夏天来了！

昆虫出动

空中飞舞的昆虫开始逐渐变多。

百花齐放

鲜艳的花朵在暖阳下绽放。

初展双翼

鸟宝宝离开鸟巢，开始了它们的第一次飞行。

收获时节

五颜六色的水果和蔬菜逐渐成熟，被送上餐桌。

阳光明媚

日出的时间变早，白昼的时间变长。

37

昆虫无处不在

这些会飞的昆虫，你能认出多少种？

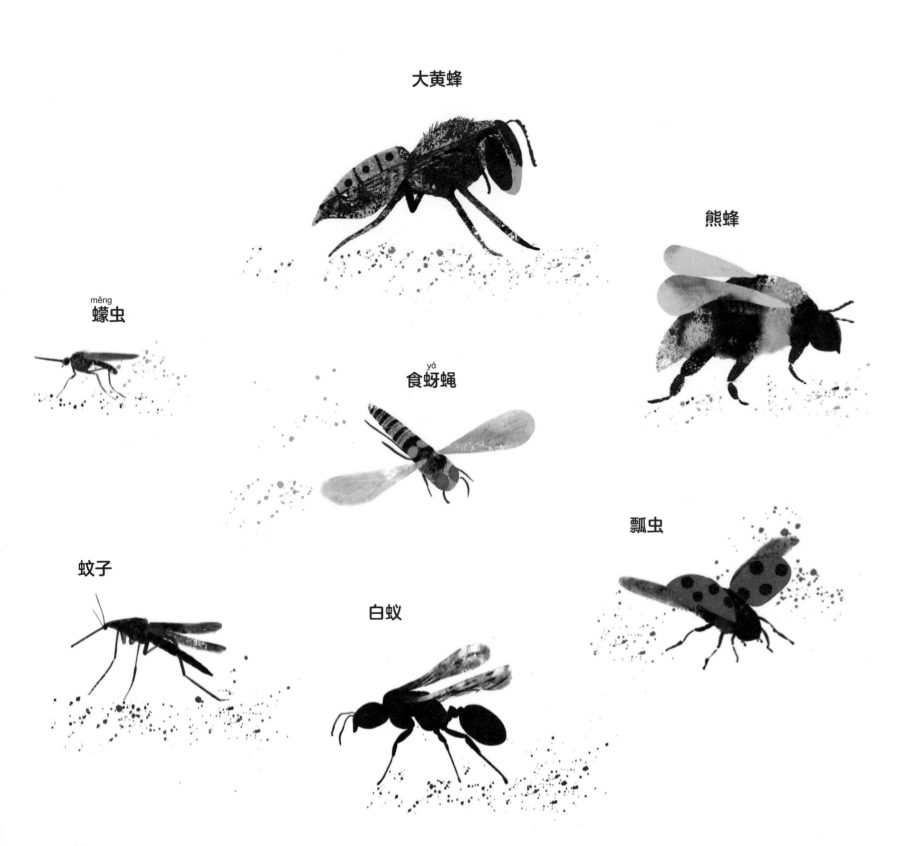

大黄蜂

熊蜂

^{měng}
蠓虫

^{yá}
食蚜蝇

瓢虫

蚊子

白蚁

丽蝇

蜻蜓

灯蛾

蜉蝣
fú yóu

马蝇

锹甲
qiāo

黄蜂

大蚊

39

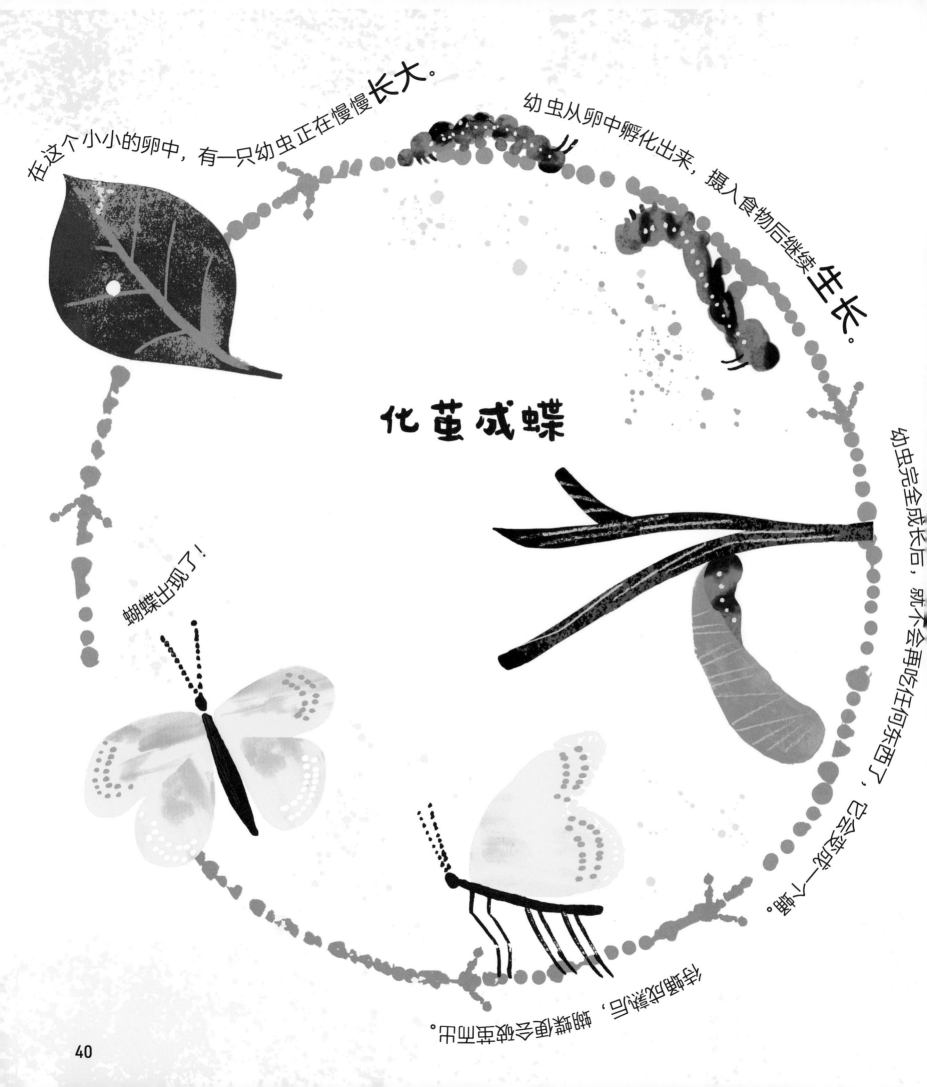

化茧成蝶

在这个小小的卵中，有一只幼虫正在慢慢长大。

幼虫从卵中孵化出来，摄入食物后继续生长。

幼虫完全成长后，就不会再吃任何东西了，已经变成一个蛹。

蝴蝶破茧而出，蝴蝶终于破蛹而出。

蝴蝶出现了！

40

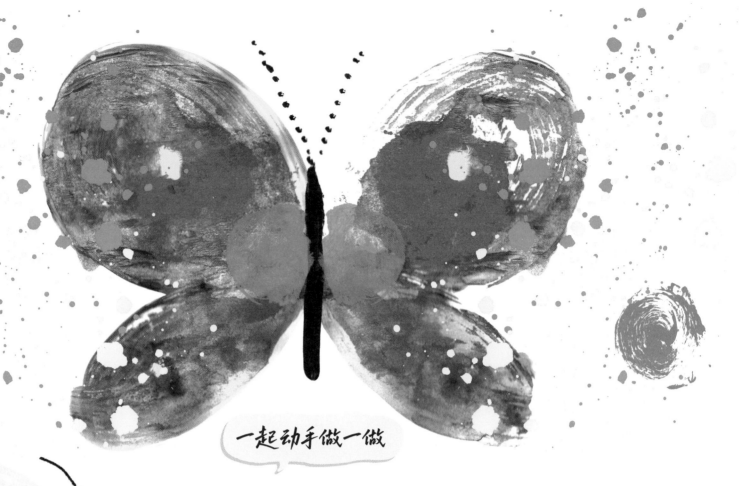

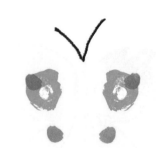

一起动手做一做

创作蝴蝶

你需要准备以下材料：

一张纸

一把剪刀（请一定在大人陪伴下使用）

一支笔

1. 将一张纸对折，沿着折痕画一个蝴蝶翅膀。

2. 请大人帮忙，沿着笔迹将蝴蝶翅膀裁剪下来。

3. 打开折纸，在空白的半页纸上补上花纹。
   看，多么美丽的一只蝴蝶！

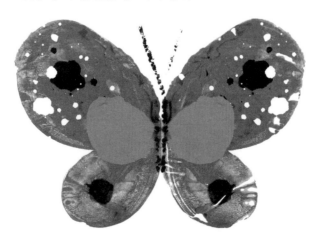

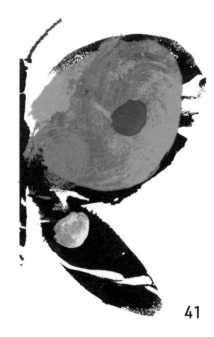

美丽的蝴蝶

蝴蝶千姿百态、五彩斑斓。看一看，这里有你喜欢的蝴蝶吗？

优红蛱蝶在天气转冷时会
飞到更温暖的地方去。

黑脉金斑蝶可以在一秒内
扇动约十次翅膀。

银豹蛱蝶是鳞翅目属中
最大的蝴蝶之一。

钩粉蝶的翅膀像
两片树叶。

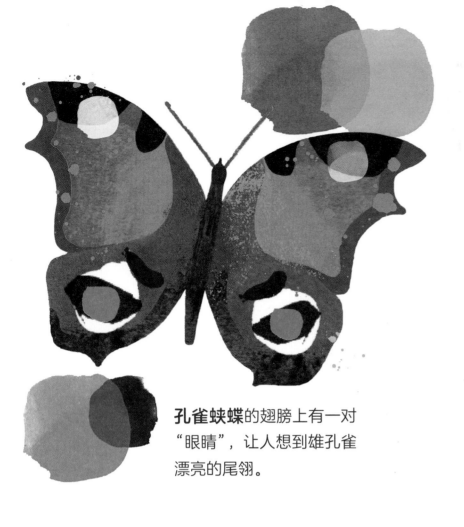

孔雀蛱蝶的翅膀上有一对"眼睛",让人想到雄孔雀漂亮的尾翎。

南美大黄蝶主要生活在巴西南部及美洲部分区域。

绿帘维蛱蝶身上的绿色花纹如同宝石一般亮眼,因此又被称为"孔雀石蝴蝶"。

普蓝眼灰蝶喜欢生活在光照充足、免受风雨侵袭的地方。

忙碌的蜜蜂

蜜蜂住在巨大的蜂巢中，各自承担不同的职责。每个蜂巢中都有无数只工蜂，但只有一只蜂王。

工蜂是蜂群最主要的劳动力，负责收集花粉和花蜜，守卫蜂巢等工作。

雄蜂负责与蜂王交尾。它们长着巨大的眼睛，还有一对又大又有力的翅膀。

蜂王是蜂巢中最不可或缺的角色。

花的力量

花朵会吸引蜜蜂和大大小小的各种其他昆虫，它们传播花粉，使得花开遍野。因此，我们要保护好蜜蜂，帮助花和其他植物在我们的星球上更好地生存。

随风飘扬的蒲公英

有些植物依靠风来授粉，例如蒲公英。它们的种子随风飘到很远的地方，在那里生根发芽。

只需一阵微风，

便可长成一片，摇曳生姿。

然后，只要轻轻一吹，

片刻之间，

小小的种子们就远赴天涯。

种一株向日葵

一粒小小的种子就能长成一株植物，是不是很神奇呢？
把一粒向日葵种子放到花盆中，埋上土，然后把花盆放到阳光充足的地方，每天浇少量的水。

接下来，就看着它一点、一点地长大吧！

随处可见的
雏菊

世界上几乎所有地方
都能看到雏菊的身影。
它还有春菊、
马兰头花、
太阳菊等别称。

在雏菊根茎的末端扎上一个小孔，然后把另一朵雏菊的根茎穿过这个小孔。一朵，一朵，又一朵，把这些小花依次串起来，你就编织成了一条长长的……雏菊花环了。

夏天的色彩

在温暖阳光的照耀下，水果和蔬菜逐渐成熟，瓜绿果红，色彩明艳。如果你仔细观察，就会发现草莓是从浅绿色渐渐变成深红色的。

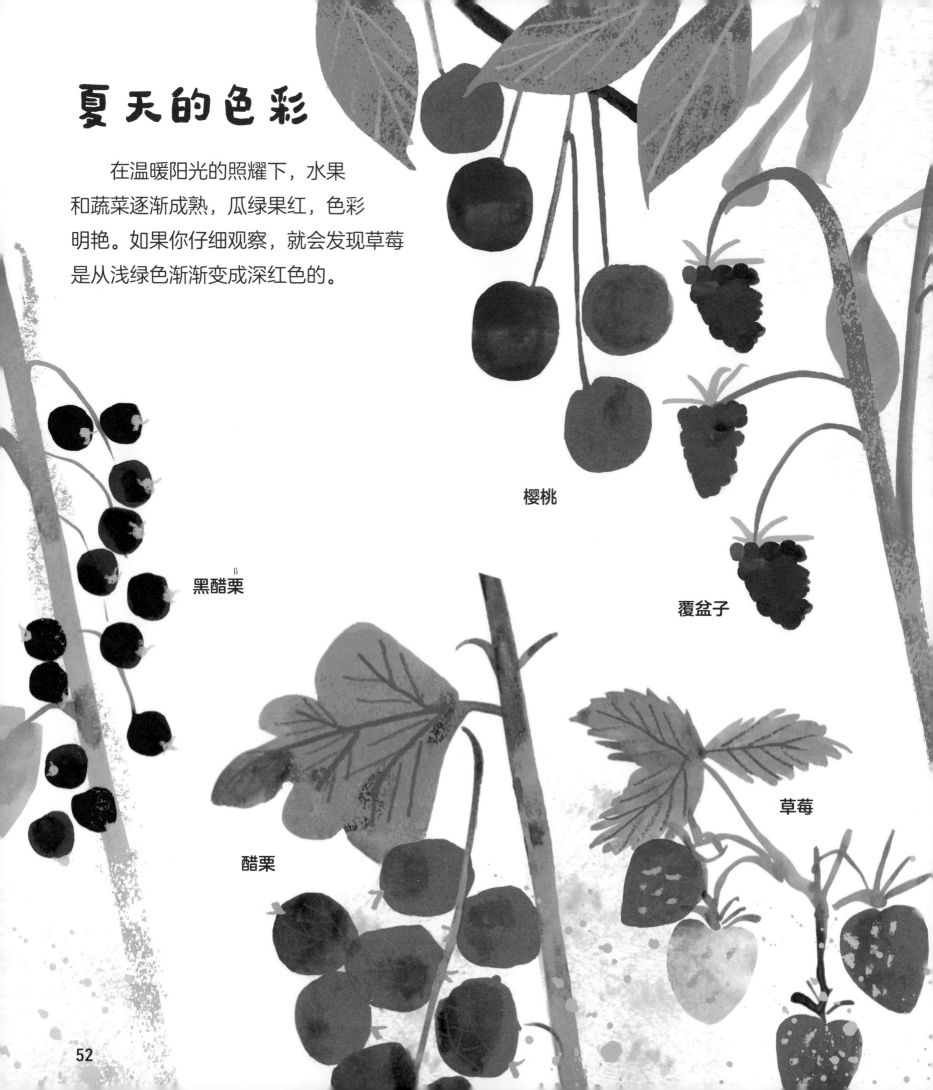

樱桃

黑醋栗

覆盆子

醋栗

草莓

番茄

玉米

辣椒

53

夏夜

在夕阳落下前的最后时刻，

世上所有的美好都在天空中呈现。

满是希望，

满是奇迹。

我期待着新一天的到来，

充盈美妙与快乐！

一大桶快乐

海边的岩石区有些浅浅的小水坑，叫作潮池。这里面都有些什么呢？

阳遂足^{sui}

荔枝螺

海星

海葵

笠贝

蚌^{bàng}

青圆蟹

海龙

<ruby>鳚<rt>wèi</rt></ruby>

寄居蟹

海藻

鳐鱼卵

57

寻找贝壳

每个贝壳里都曾经生活着一个小生命——有些生物依然住在贝壳里！

你在海滩上见到过这些贝壳吗？

皇后海扇蛤

蚌

塔螺

滨螺

天使之翼海鸥蛤

峨螺

笠贝

鸟贝

维纳斯贝

荔枝螺

彩马蹄螺

mǎ nǎo
斑点玛瑙贝

佛罗里达马螺

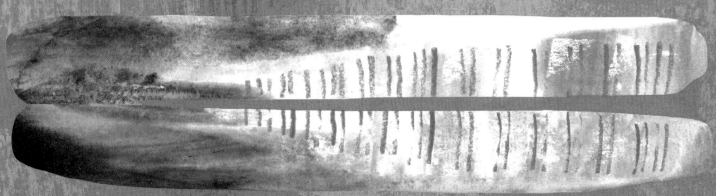

chēng
蛏

59

暴风雨

当雷声和闪电同时出现，
暴风雨已在头顶。

阴云密布

闪电破空

寂静之后

雷声滚滚

薄雾的清晨

飘零的落叶

秋风瑟瑟

鸟儿迁徙

庄稼成熟

又是收获的时节

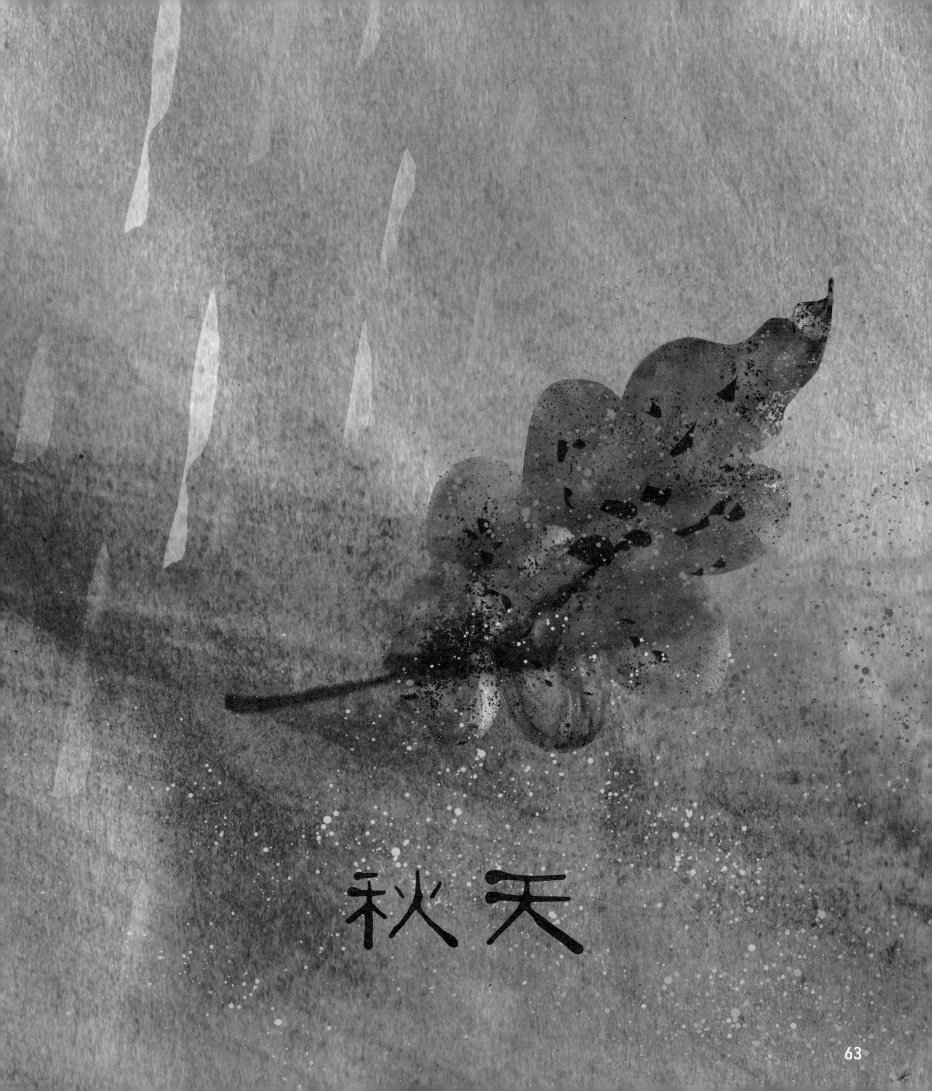

秋天

秋天到来的迹象

秋日凉爽，干燥多风。白昼越来越短，黑夜越来越长。如果你看到这些景象，那是秋天来了！

候鸟南飞

有些鸟类会飞往暖和的地方过冬。抬头看看天，也许你能看到它们正排成一个"人"字形的队伍，在领头鸟的带领下向远方飞去。

秋风瑟瑟

秋天的风要比前两个季节更猛烈一些。你看到风中飘舞的树叶了吗？

色彩更替

曾经一身绿衣的树木，
如今缀满了橙、黄、红
各色的秋叶。

储备食物

松鼠会收集成熟的坚果。你可
以留意一下树林中的橡子、栗
子和榛子，也许会在附近发现
那些觅食的小身影。

脚下的旋律

枯叶从枝头落下，当你走过，它们会在
你脚下演奏出"嘎吱嘎吱"的交响乐。

落叶飘零

树叶的形状能帮助我们分辨树木的种类。秋天到来时，树叶从枝头掉落，在地上形成一个落叶层。你能认出这些树叶吗？

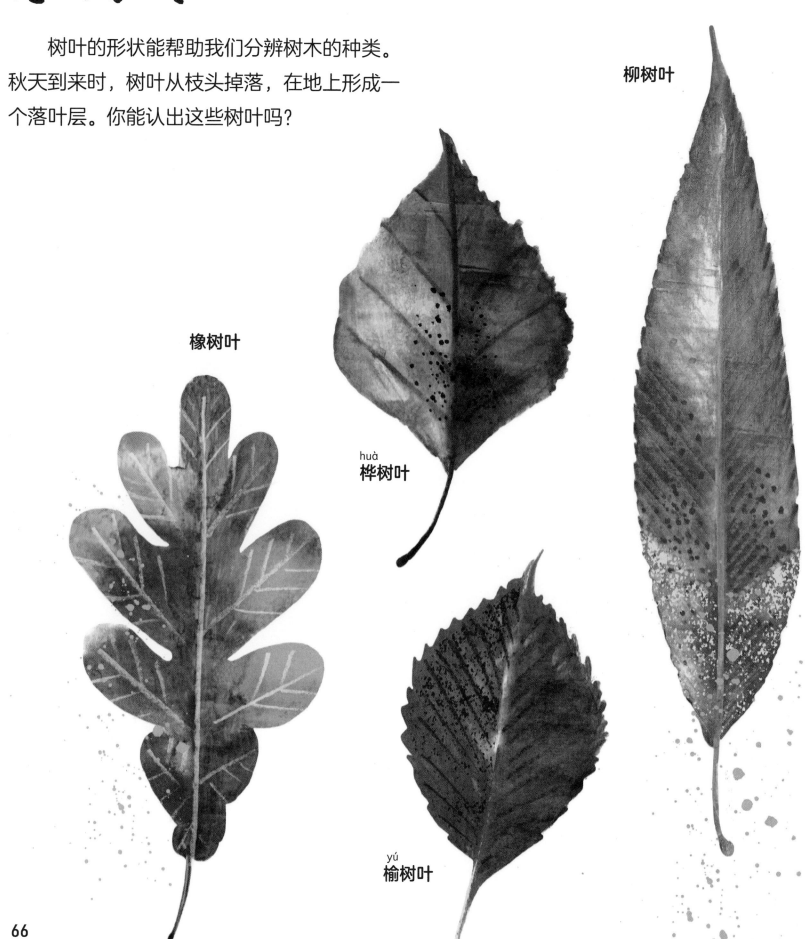

橡树叶

huà
桦树叶

柳树叶

yú
榆树叶

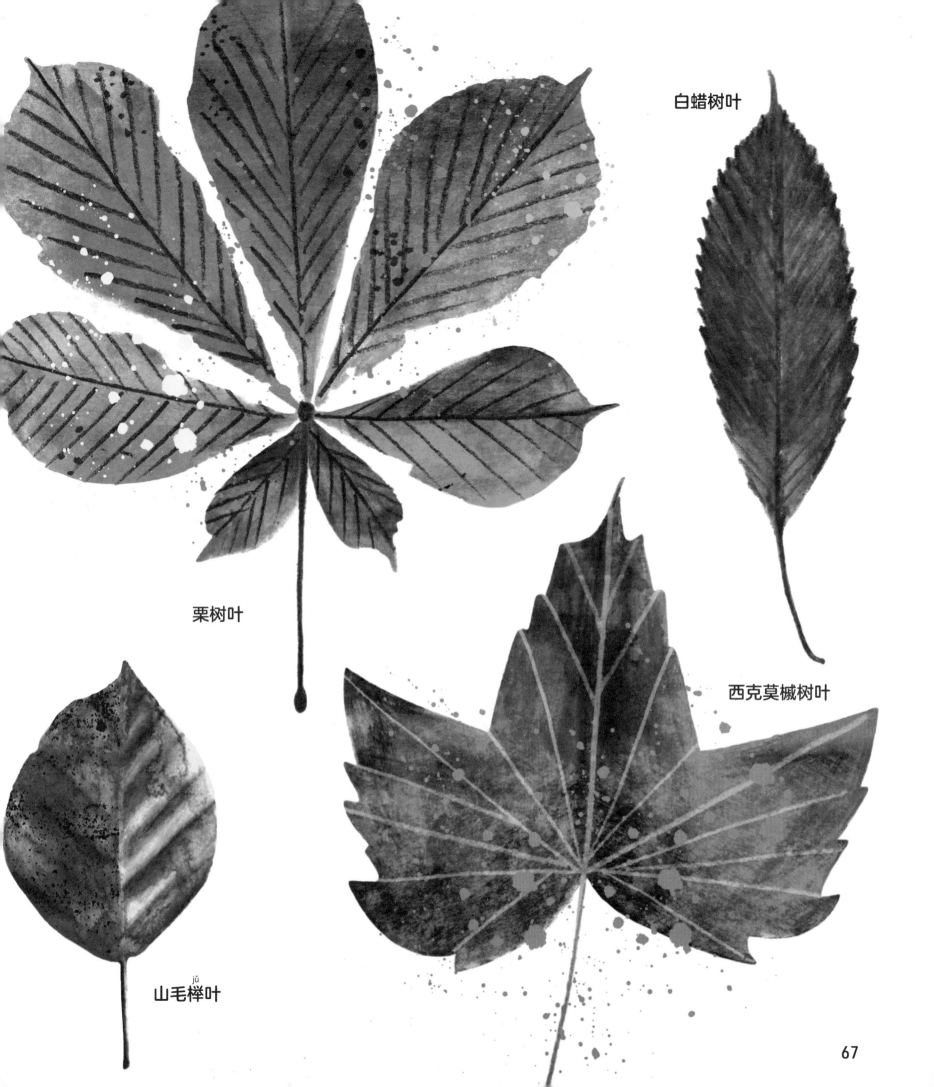

白蜡树叶

栗树叶

西克莫槭树叶

山毛榉叶
jǔ

变换颜色

秋天到来时，树木要为过冬做好准备。它们将绿叶中的营养输送到根部，绿叶因此变成黄色、橙色或褐色，纷纷掉落下来。

树叶挂饰

你需要准备以下材料：

两根木棍
落叶
细线

1. 找两根木棍，交叉摆放，然后用
   细线固定。

2. 收集落叶，在每一个叶柄的根部
   打上小孔。

3. 用细线穿过叶柄上的小孔，
   打结固定。重复这项操作，
   制作6~10片这样的树叶。
   注意，每个叶柄上的细线
   长短不一会更好看哟。

4. 把所有细线的另一端绕到
   交叉的木棍上，树叶挂饰
   就做好啦！赶快找个地方
   把挂饰挂起来吧！

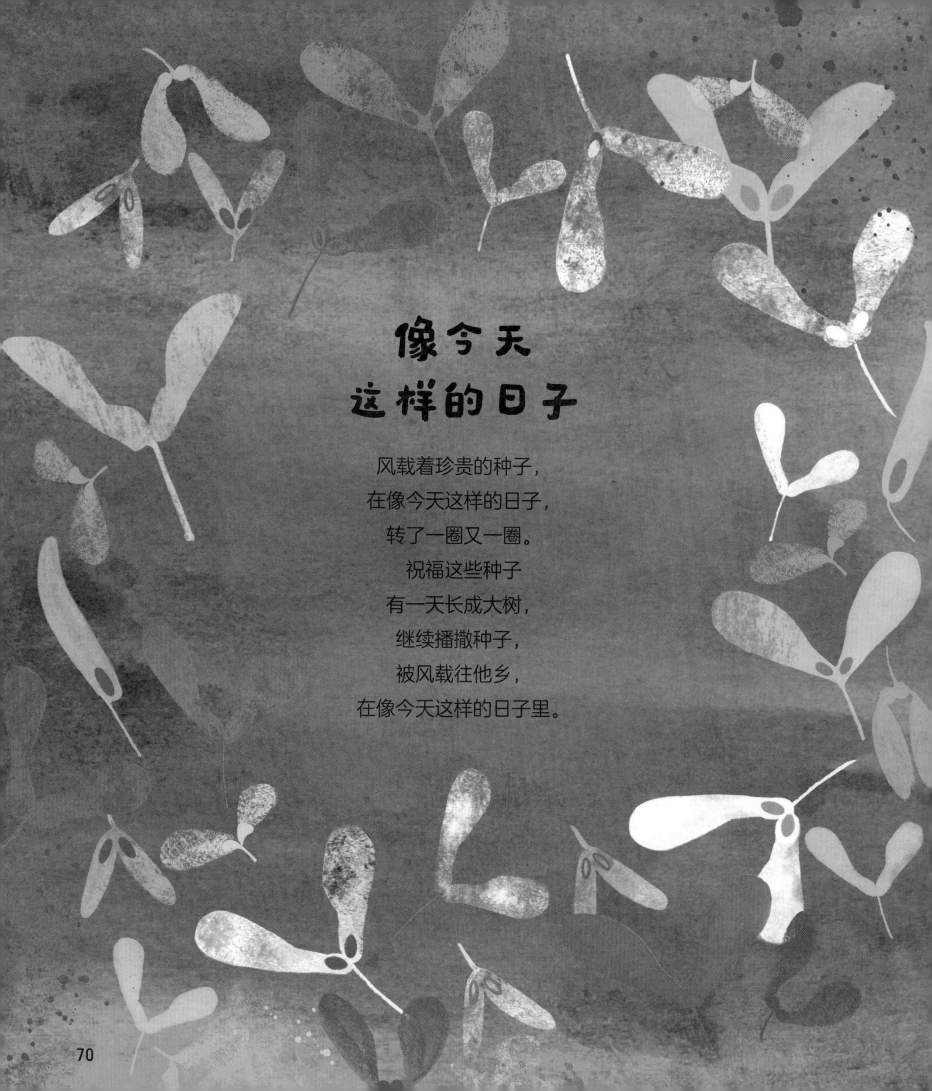

像今天
这样的日子

风载着珍贵的种子，
在像今天这样的日子，
转了一圈又一圈。
祝福这些种子
有一天长成大树，
继续播撒种子，
被风载往他乡，
在像今天这样的日子里。

乘风飞翔

　　树木需要把它们的种子送往遥远而广阔的天地生根发芽。

　　有些树木的种子长了"翅膀"，使它们能随风飞翔，风将载着它们去往新的家园。

广袤森林

秋天，森林里一派热闹的景象，
处处是菌类和落叶，还有忙着过冬的动物们。
在这片森林里，你都看到了什么？

小小松鼠

松鼠喜欢把窝搭在树干或树杈上，搭窝的材料通常是树枝和树叶。

松鼠那毛绒绒的尾巴用处很大，可以帮它们抵御寒冷的天气，还能帮它们维持身体的平衡。不仅如此，松鼠们还可以依靠尾巴进行交流呢！

松鼠喜欢吃坚果、水果和各类种子。秋天，它们会在柔软的泥土下或树洞里贮藏食物，做好过冬的准备。

高高的
橡树上，
小小的
橡子
在生长。

一颗小小的橡子
可以长成
寿命长达百年的
大橡树。
这难道不值得赞叹吗？

橡子在夏天努力生长，
秋天时便成熟落地。

松鼠等动物会把橡子带到
森林各处，运气好的橡子
就会长成一棵新树！

橡子裂开，生出根，发出
芽。幼苗长啊长，长成一
株小树苗。

小树苗一天天长高，最后
长成一棵小橡树。

77

黑刺李

越橘

接骨木莓

黑莓

寻找果实

秋天，树木上、灌木丛里，结出了许多五颜六色的果实。

西洋李子

梨

wēn po
榅桲

玫瑰果

李子

79

嘎啦苹果

金冠苹果

青苹果

粉红女士苹果

麦金托什
tuǒ
红苹果

品尝苹果

苹果树一般要经过3~4年的生长才能结果。一棵苹果树可以活50年左右。世界上有7000多种苹果，你尝过多少种呢？

红富士苹果

爵士苹果

红肉苹果

绿苹果

尝尝看烤苹果吧！

布瑞本苹果

蜜脆苹果

一起动手做一做

烤苹果

你需要准备以下材料：

一个苹果

一些葡萄干、浆果、肉桂、糖或蜂蜜

1. 先清洗苹果，然后请一位大人帮你去除苹果核。

2. 在苹果中间填上葡萄干或者浆果，再加一点糖或者蜂蜜，然后放一些肉桂。

3. 和大人一起将烤箱设置为上下火200摄氏度，或风烤180摄氏度，烘烤20分钟直至苹果变软。

还可以搭配冰激凌一起食用哟！

鸟儿飞向何方

椋鸟

椋鸟会从东欧地区飞到英国寻找过冬的食物。据说有近百万只椋鸟会在英国过冬。

燕子

英国的燕子会飞往南非过冬，这趟旅程持续的时间很长。在这漫长的旅途中，燕子们靠那些飞来飞去的昆虫填饱肚子。

随着白昼逐渐变短，许多鸟儿飞往别处，去寻找更温暖的地方。这个现象在生物学上叫作迁徙。有的鸟儿会飞得很远很远。

雨燕

雨燕选择飞往撒哈拉以南的非洲
过冬。它们会追随着雨水，寻找
最美味的食物。

杜鹃

生活在英国的杜鹃会飞往非洲
地区过冬。一路上，它们会合
理安排自己的作息和饮食。

鸟儿排成某种队形成群地飞，是为了让同伴们不要掉队。

鸟儿一只接一只飞行，是为了避免自己在长途飞行中过于劳累。

空中队列

秋天，你会看见大雁等鸟类在天空中排成"人"字队形。

鸟儿们会轮流在队伍前面领飞。

领头雁扇动翅膀产生从下往上的气流，能够让它身后的鸟儿更省力地滑翔。

高积云是水滴或过冷水滴与冰晶的混合物，往往以薄片的形式成群或成波出现。

卷积云看上去像鱼鳞，也像湖面的涟漪，它们预示着晴天。

积云又白又蓬松，一般会在晴天时出现。

百变云朵

秋天的天气总是变化万千。
仔细观察天空中的云朵，
你能通过它们预测天气吗？

卷云是一缕缕薄薄的云彩，会在晴天时出现在空中。

变化不大时，预示着晴天；

变化较明显时，预示着可能会出现降水。

层云是低空中的灰白色云幕，预示着接下来可能会有毛毛雨。

雨层云是低空中均匀呈幕状的乌云，预示着会有持续的降雨或降雪。

收获月

巨大、明亮的收获月，
是最靠近秋分的满月，
在日落之时，它已早早升起。
像一盏暖灯，整夜照拂大地。
借着皎洁的月光，
农民们收割庄稼，
储备过冬的粮食。

天地雪白，一片静谧

冰封的池塘

夜晚的天空

雪中的足迹

万籁俱寂

动物沉沉睡去

冬天

晴朗的夜空令星星显得更加明亮，也更容易被人们看到。

冬天到来的迹象

冬天是一年中最冷的季节。
随着温度降低，冰与霜都开始出现，
有时雪也会来拜访我们！
如果你看到这些景象，
那是冬天来了！

鲜艳的浆果

鸟儿们靠吃浆果过冬，因为其他食物
在冬天已经很难找到了。

多雾的早晨

冬天，日出之前或者日落之后都会有雾出现。

结冰的水珠

湖水和池水都已结冰，屋檐和树杈上也结满了冰挂。

冰冷的霜

清晨，蜘蛛网、灌木丛，还有树上都会结霜。

知更鸟对人类很友好，如果你静静待在一旁，它可能会慢慢靠近你。

知更鸟

不是所有鸟类都会飞到更温暖的地方过冬，有些鸟儿会留在家中。例如，知更鸟就是通过抖松自己的羽毛来抵御寒冷。即使在最冷的时候，羽毛间的空气也能让它们维持体温。

留守冬日的鸟儿

即使天气寒冷，有些鸟儿也不会离开长时间栖息的家。

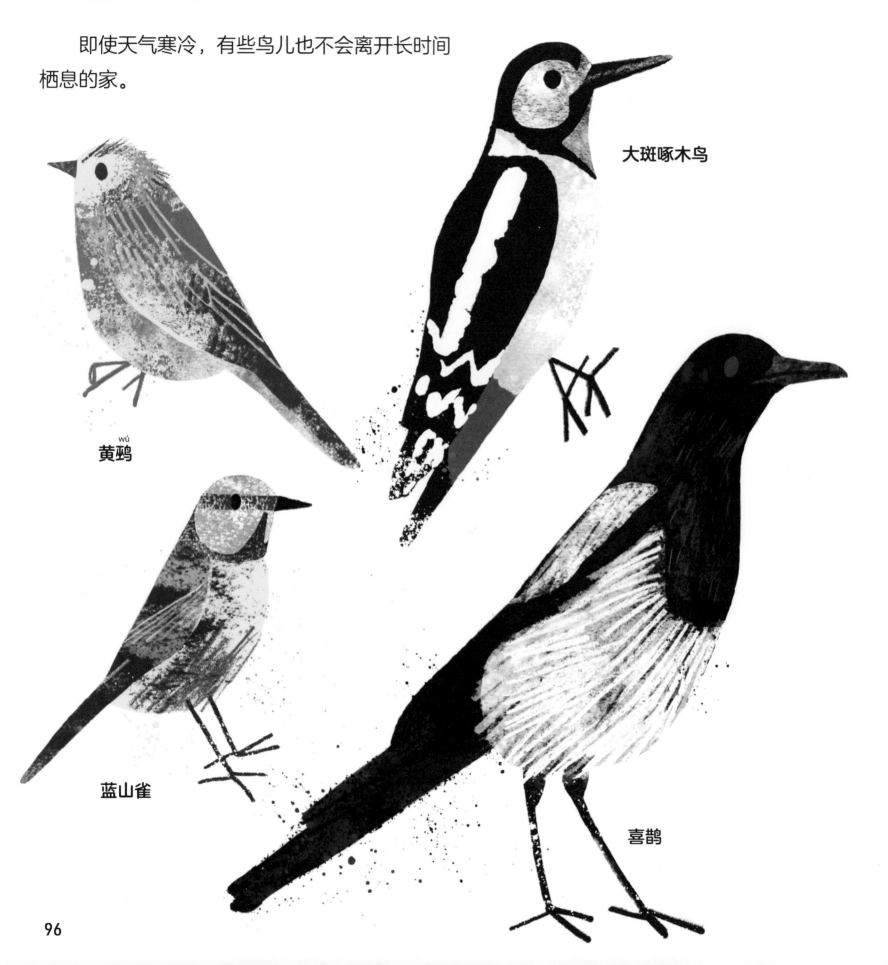

大斑啄木鸟

黄鹂
wú

蓝山雀

喜鹊

你需要准备以下材料：

鸟食

一个托盘

蜂蜜

一个卷纸筒

线绳

一起动手做一做

喂鸟器

鸟儿们在冬天很难找到食物，你可以
做一个简单的喂鸟器摆在院子里。

1. 将一些鸟食倒入托盘中。

2. 在卷纸筒上慢慢地倒一些蜂蜜，将卷纸筒在鸟食上
   滚动，沾上鸟食，然后等待蜂蜜变干。

3. 将线绳穿过卷纸筒，并请一位大人帮你挂到室
   外。接下来，就看看什么鸟儿会过来吃东西吧！

静静地寻觅

翱翔于天空，
静静地搜寻。
反反复复，来来回回。
倾听每一个声响，
哪怕是最细微的抖动。

沉默地俯冲，
划破了夜空。
爪子锋利，动作精准。
打破夜空的寂静，
在这个冰冷冬夜。

谁来过

不同的动物在雪中的足迹各不相同。
你能分辨出小动物们的足迹吗？

兔子的后脚比前脚大，所以它们
走过的雪地上总是留下一对大足
印和一对小足印。

鹿的蹄印看起来就
像一对括号。

狐狸的爪子前面有两个趾，左右两侧
各一个趾，后面跟着一块肉垫子。仔
细观察一下狐狸爪印的形状吧！

鸟类的足迹又长又细，看上去就像几支箭。

猫在行走的时候，后脚会准确地踏在前脚的脚印上。

松鼠的前脚有四个趾，后脚有五个趾。如果足迹清晰，你可以清楚地看到每根脚趾的印迹。

舒适又温暖

冬天天气寒冷，且很难找到食物，很多动物为了生存，会进入深眠状态，也就是"冬眠"。

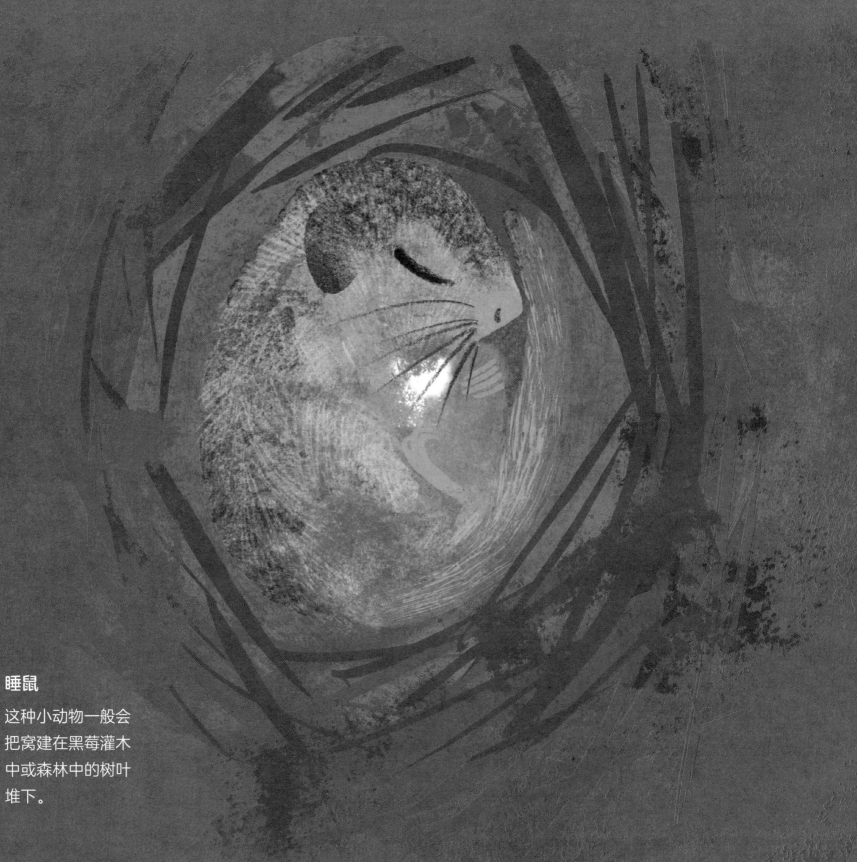

睡鼠

这种小动物一般会把窝建在黑莓灌木中或森林中的树叶堆下。

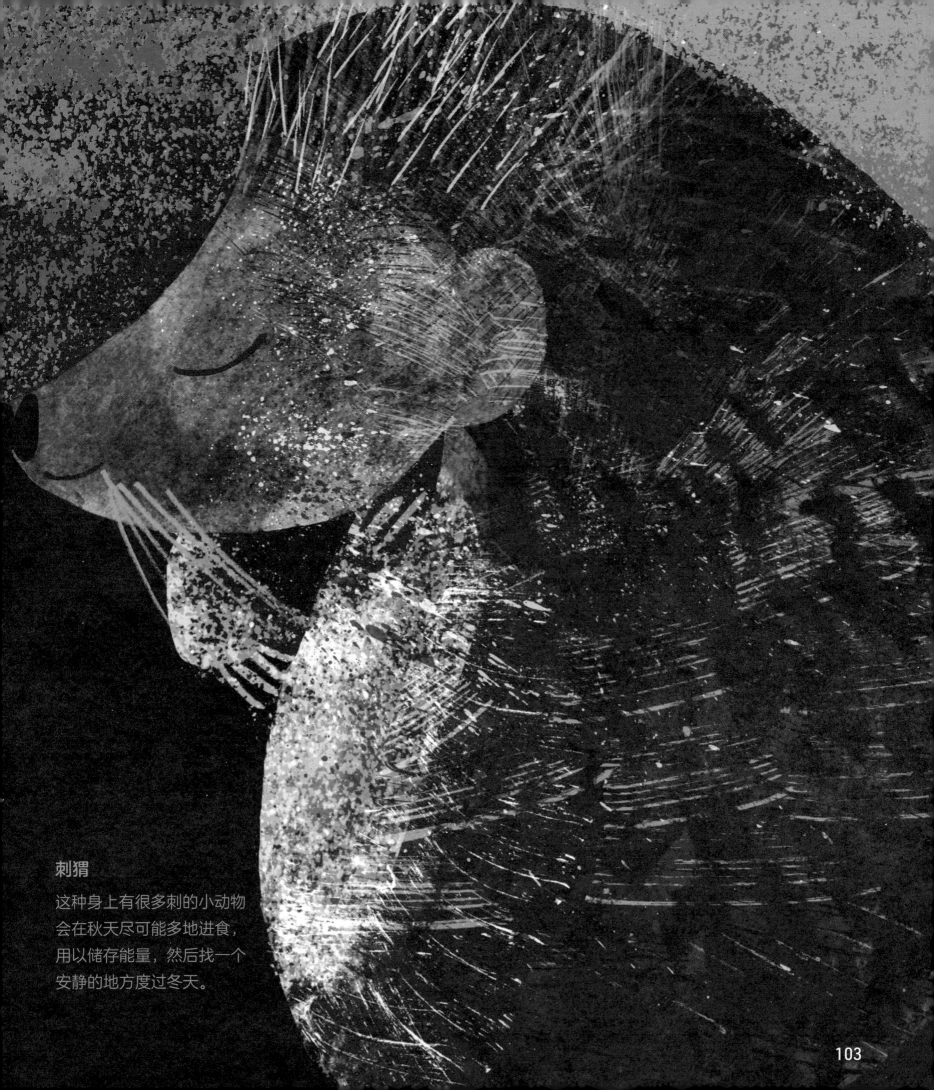

刺猬

这种身上有很多刺的小动物
会在秋天尽可能多地进食，
用以储存能量，然后找一个
安静的地方度过冬天。

雪花莲

　　雪花莲的绽放意味着气温开始回暖，冬天将要结束。一朵朵雪花莲绽开花瓣，露出花蜜。

如果天气特别冷，
雪花莲的花瓣会紧闭起来，
保护花蜜。

雪花莲蜜是当地蜜蜂的
重要食物来源之一。

常青林

常青树的叶子不易掉落。大部分针叶树都是常青树。它们的树枝往往是倾斜的，这是为了使雪能够迅速滑落，让树木不至于被冻住。

雪松

花旗松

针叶树

针叶树的叶子又细又尖，就像针似的。这里有各种不同的针叶树，有你见过的吗？

紫衫

落叶松

欧洲赤松

107

聪明的松果

不同松树结出的球果形状不一。松果有两层"鳞片"，作用是保护种子，使种子保持干燥。在温暖、干燥的时候，松果就会将种子散落出来，让它们生根发芽。

松果气象站

如果你能拾到松果，就把它放在窗边仔细观察吧！在天气晴朗、空气干燥的时候，松果的"鳞片"会打开；快要下雨的时候，松果的"鳞片"就会闭合。多聪明啊！

火炬松的球果

柔枝松的球果

湿地松的球果

欧洲赤松的球果

长叶松的球果

短叶松的球果

矮松的球果

啊，多想现在就下雪啊

啊，多想现在就下雪啊，
一次就好，只为我而下。

啊，等到明早我醒来的时候，
拉开窗帘，有一片雪白在等待着我。
当我看向窗外，我只看到，
雪，雪，还是雪！

那么多的雪，
从屋顶上飘落。

那么多的雪，
在篱笆中穿梭。

那么多的雪……
我们可以扔雪球，滑雪橇，
还能堆雪人。
它能很久、很久都不融化！

啊，多想现在就下雪啊！

雪是怎么来的

云朵中的水蒸气凝结形成冰晶，雪花的雏形就出现了。

冰晶吸引周围空气中的水蒸气,越变越大,
然后以雪花的形态落向大地。

雪花经过冰冷、干燥的空气时是针状或棒状的,
这种雪看起来像细细的粉末。

雪花经过潮湿的空气时,边缘会融化。它们相互
粘连在一起,形成又大又精致的雪花,非常适合
拿来做雪球。

制作纸雪花

你需要准备以下材料：

一张正方形的纸

一把剪刀

1. 准备一张正方形的纸，沿着对角线对折成三角。

2. 再次对折，使这个大三角变成一个小三角。

3. 将对折两次后的小三角形旋转，让最长的那条边在最上面，检查一下现在的小三角形，是否一共有4层。检查完后，再将下面的两条边先后向内翻折，折好后，原来的两条边应与新的边缘线对齐。此时，4层纸变成了12层。

114

4. 将纸片翻转过来，你会看到一条水平的折线。

5. 拿出剪刀，沿着这条水平的折线剪一个半圆弧线。

6. 在三角形纸片的边缘，随意剪出一些缺口。

7. 将纸片打开，欣赏你制作的美丽纸雪花吧！

小熊座看上去像一个长柄勺，勺柄末端最亮的星星就是北极星。如果你站在北极，会发现北极星就在你的正上方。

北斗七星由七颗闪亮的星星组成，它是北半球最容易观测到的星群之一。

星星的形状

星座是一群星星的组合，它们的造型看起来就像是人们在夜空中玩连连看。人类曾依靠北极星和北斗七星在海洋上分辨方向。

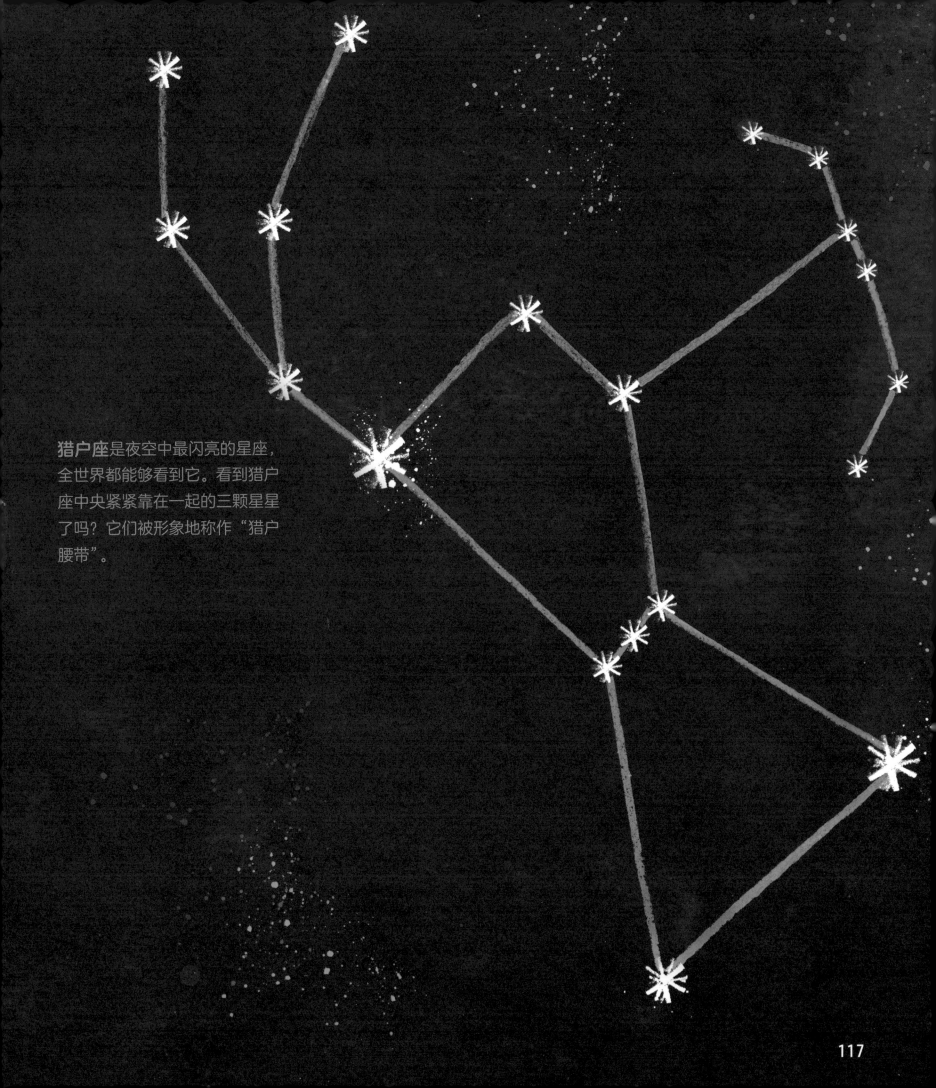

猎户座是夜空中最闪亮的星座，全世界都能够看到它。看到猎户座中央紧紧靠在一起的三颗星星了吗？它们被形象地称作"猎户腰带"。

月相

月亮绕地球一圈大约需要一个月。在公转的过程中，月亮会反射阳光。月相变化能告诉我们月亮在旅途中的位置。

新月　　　　　　　　新月蛾眉月　　　　　　上弦月　　　　　　　渐盈凸月

北半球

新月　　　　　　　　新月蛾眉月　　　　　　上弦月　　　　　　　渐盈凸月

南半球

在北半球和南半球，同一时间的月相是不同的。

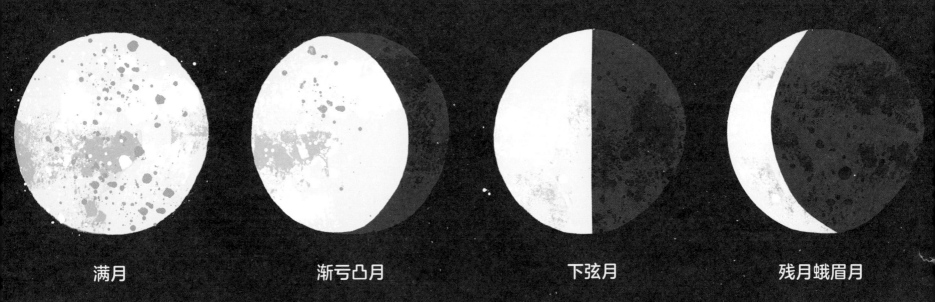

满月 渐亏凸月 下弦月 残月蛾眉月

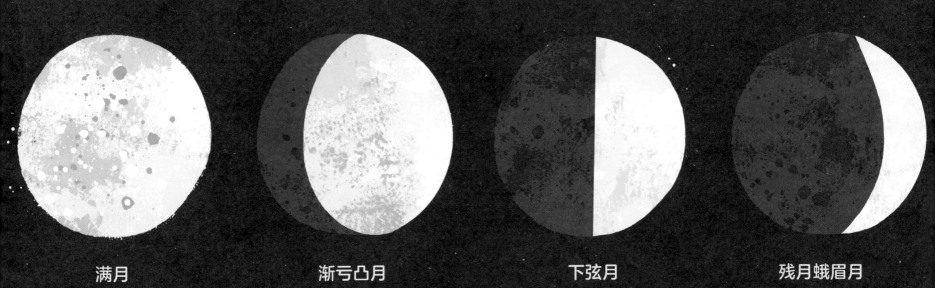

满月 渐亏凸月 下弦月 残月蛾眉月

119

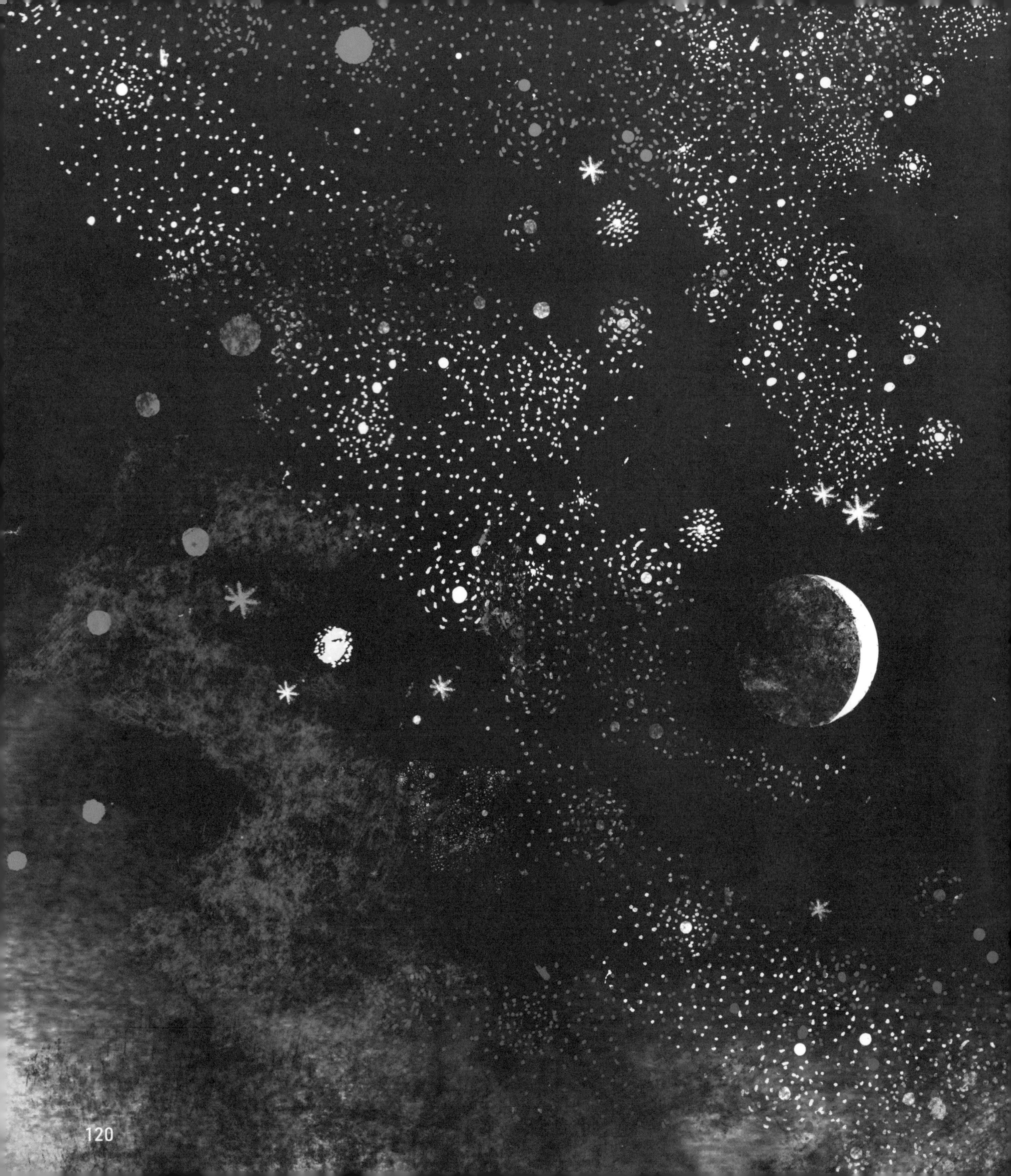

仰望星空

夜深了，我却睡不着。

我看向窗外，

好奇地仰望星空。

我看的时间越长，看到的就越多。

星星，星星，一颗又一颗的星星，

数也数不尽的星星。

我挑选了一颗，那是我的星星，

我看着星星，不眨一次眼睛。

然后，星星也看见了我，它冲我眨了眨眼睛。

突然间，整个宇宙只剩下了我和我的星星。